不一樣也沒關係

奇妙又有趣的動物冷知識，
讓你笑笑過每一天

帽帽 —— 著

讓我們互相溫柔以待

哈囉大家好，我是帽帽！

其實學生時期，我的生物成績是最好的，除了生物老師很正（？）之外，最大原因還是我真的很喜愛這些大自然的動物們……。這真的是最大原因啦！

從 2018 年開啟的「帽帽看動物冷知識系列」，至今我已畫了將近 400 個動物冷知識，這個系列也深受大家喜愛。能夠分享自己感興趣的事物，並得到大家的肯定，真的覺得自己是一個很幸運的人。

也因為我著迷於這些動物冷知識，讓身邊的朋友開始有錯覺，認為我是這個領域的專家，但我不是。我的冷知識都是上網、翻書吸收資訊後，再以自己的風格繪製出來，我只是樂於分享，不是專家。另外，我也不會為了下一次的創作而先蒐集一堆冷知識再慢慢挑，因為這會影響到我發現「哇嗚原來這個動物會這樣喔！」的樂趣。這也是我能夠繼續保持熱忱的原因之一。

「動物冷知識」讓更多人認識我之後，我也開始在「還債」了（笑），開始著手生態保育的議題，讓更多人意識到，這些帶給我們歡樂的動物，正因為氣候變遷、棲息地減少與人為因素，正慢慢消失中。這世界有

很多動保團體正在努力著，而我也希望透過我的畫筆，讓更多人知道這些事情。

最後想分享我最愛的動物，澳洲短尾矮袋鼠。從網路圖片或影片你會發現，牠們臉上時常掛著笑容，所以又被稱為世界上最愛笑的動物，也非常親近人，光是看著牠們微笑的照片都能感覺到非常幸福。不過這麼可愛的動物，仍然因為人類的移居、帶來的外來種、棲地減少等因素，走上瀕危的道路，被世界自然保護聯盟列為「中度瀕危物種」。

即使一度因人為因素導致滅絕危機，但短尾矮袋鼠仍然以最溫柔的方式親近人類。希望我們也可以溫柔善待牠們，善待所有動物。

CONTENTS

PART 1

是我讓你笑了嗎？
療癒人心的反差萌

PART

2

欸～～～真的假的？！
原來如此的怪怪知識

跟人類不一樣但又有點像……
不知道也不會怎麼樣的奇妙連結

PART

1

:)

是我讓你笑了嗎？
療癒人心的反差萌

樹懶下樹的原因是？海獺睡覺的時候居然會……？
水蛭的腦袋好像不好使？北極熊才不是你以爲的白肉底～
讓人滿頭問號又噗哧一笑的動物冷知識 ♥

袋熊的便便是方形的。

而且我一天可以大出
80-100顆喔～

松鼠會忘記 95% 的食物藏匿地點，
光是牠們一年遺忘的種子，
就可以長出幾千棵樹了。

我們小時候有見過！

???

一角鯨的角其實是牠們的犬齒（好長？！），
有些科學家認爲一角鯨彼此摩擦長牙的行爲，
不是在搏鬥，是在刷牙而已⋯⋯

兔子沒有生理期，
因為牠們都是到了交配時才排卵。

我們兔兔就是可愛。

熊冬眠時，
腸道細胞與一些分泌物會
組成一個塞子堵住屁屁洞口，
讓牠們不會因排泄物把房間搞得
亂七八糟（？）

冬眠結束後、
再一次「ㄅ、」出來～

企鵝便便時，
直腸內壓力高達人類的 4 倍，
所以便便噴射距離可達 40 公分，
牠們曾因此獲得 2005 年
搞笑諾貝爾流體力學獎？！

睡鼠堪稱動物界最懶的動物，
一般壽命有 5 年，
大約有 4 年的時間都在睡覺。

ZZZzz
Zzzzzzz

企鵝蛋幾乎都是
由爸爸媽媽一起輪流孵，
但皇帝企鵝則都是由爸爸來孵蛋。

我孵一顆蛋，可以減掉
40％ 的體重喔～

貓科動物沒有品嚐甜味的味蕾。

髒東西……

雄性鱷魚的生殖器幾乎終身都是保持
勃起狀態。

叫我持久哥！

長頸鹿會用脖子與情敵打架，
牠們的脖子可以甩出約 200 公斤的力道！
而且打架的聲音可以傳到 1 公里外
還能聽見。

阿達～

所以，長頸鹿打架打到脖子骨折
也是常有的事……

水豚君的便便營養價值很高，
其中含 14-18% 的粗蛋白，堪比雞胸肉！
這難道是牠們好人緣的原因？
移動食物販賣機？！

請你吃～

真假～完整一坨欸？！

日本有一種稀有的山陰柴犬，
牠們平常與一般柴犬沒有兩樣，
但一到冬天就會長出灰白色的絨毛！

披著羊皮的狗～

鳥類感覺不到辣，
所以國外的鳥友會給
鸚鵡一種比我們吃的青辣椒
辣上至少 100 倍的瓦內羅椒
當零食吃。

哥吃的不是辣，
是人生！！

科學家發現最接近霸王龍
的現代動物是雞，
可能連牠們的叫聲都是咕咕咕～
電影中聽到的霸王龍叫聲
其實是大象與狗的叫聲合併後製而成的。

咕咕～

不知道霸王龍的肉
吃起來像不像雞肉？

南極冰河有將近 3% 都是企鵝的尿……

巨齒鯊是史上最大的鯊魚。
為什麼不叫牠們巨鰭、巨尾，
或乾脆叫巨鯊呢？
因為現在發現的化石幾乎都是牠們的牙齒，
所以科學家也是用大白鯊的牙齒來推測的。

祖先……

海鞘小時候是類似於蝌蚪的存在，
牠們有大腦與脊索，
能夠在海中自由悠游。
但當牠們找到合適安身立命的地點，
就會讓自己黏著，然後吃掉自己的大腦？！

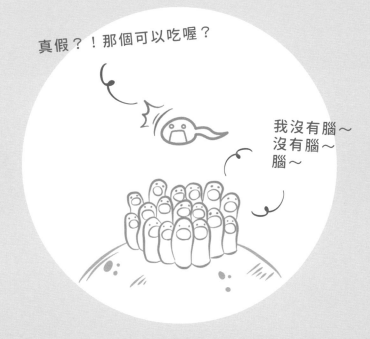

幾乎沒什麼戰力的樹懶，
在 1 萬年前卻有個體長 5-6 公尺、
體重 4-5 噸的近親 —— 大地懶。

我們沒什麼天敵，一般認為
是人類領土擴張和狩獵導致
我們滅絕的⋯⋯

樹懶一個禮拜會下樹一次，
因爲牠們便便快忍不住了？！

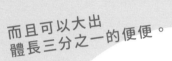

而且可以大出
體長三分之一的便便。

樹懶用嘴巴放屁。

噗～

帽帽帶你看**樹懶**

前面提到，樹懶一個禮拜下樹便便一次。因爲動作緩慢，牠們其實很容易在便便時被獵食者獵殺。

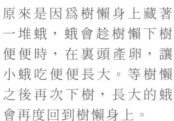

那為什麼牠們不直接在樹上投彈（？）就好了呢？

原來是因爲樹懶身上藏著一堆蛾，蛾會趁樹懶下樹便便時，在裏頭產卵，讓小蛾吃便便長大。等樹懶之後再次下樹，長大的蛾會再度回到樹懶身上。

蛾死亡後，會在樹懶的毛中分解出無機氮，這會
促使牠們身上的綠藻青苔生長。樹懶會直接將綠
藻青苔當零食吃，藻類也可在不同季節提供保
護色。

這種互利共生就是
樹懶冒著風險也要
下樹便便的原因。

好吃～

雖然樹懶動作很慢，但牠們可是游泳健將，在水
中速度是陸地上的 3 倍！當牠們游泳時，這些蛾
還是會一邊飛一邊跟著牠們，等樹懶上岸後再回
到牠們身上。真是可愛的跟屁蟲呢～

海豚會把充氣的河豚當球來玩，
並刺激牠們釋放毒素。
然後海豚會吸毒吸到ㄅㄧㄤ，
再把河豚傳給其他夥伴輪流吸？！

豬的體脂率比你想像中還低，
平均落在 16-18%，
有些甚至低於 10%。
（一般來說，男生體脂率大於 25%、
女生大於 30% 才被認為是肥胖。）

我是實際上的豬。

我是你以為的豬。

海獺多數時間都待在水裡，連睡覺也是。
為了避免睡覺漂浮時被水流沖走，
海獺會跟同伴手牽手睡覺～

國王企鵝寶寶會先長出新羽毛，
舊羽毛才掉落。

不然好冷……

海星有兩個胃，其中一個可以從體內射出，
在體外包住並消化食物，
再將半消化的食物送入體內
由另一個胃消化。

Hi，海綿寶寶～

海星爲什麼要將胃吐出來消化食物？
因爲捕食有殼類的食物不容易，
比如牠們會努力將貝類扳開一點小縫，
把胃擠進去慢慢消化貝肉，
等到貝類無力抵抗便會被拉開。

捕食比自己大的食物也
是喔，先稍微消化後再
送入體內比較容易。

水蛭有 32 個大腦，
不過好像沒什麼用（？）

阿達瑪斯空固力～

貓頭鷹的眼睛不是眼球，而是圓柱狀的，
所以牠們無法轉動眼睛，
必須靠可以旋轉 270 度的頸部
來環顧四周。

圓柱眼睛。

從耳孔可以看到
眼睛內側。

耳孔。

牠們還有令人
羨慕的大長腿。

翻車魚是世界上最大的硬骨魚，
體長可以長到 3-5.5 公尺，
體重則有 1400-3500 公斤。

不過我們剛出生
只有 0.2-0.3 公分！

抹香鯨會以垂直的方式在海中集體睡覺，
而且牠們睡覺時是憋氣狀態，
因為抹香鯨呼吸必須由意識去控制。

快憋不住了……

浣熊在美國達科他州的蘇語裡
叫做 weekah tegalega，
意思是「畫臉的魔法動物」。

你們這些麻瓜，
看我施展畫臉魔法？！

亞馬遜河流域和千里達島擁有
世界上最大的蝌蚪，長達 25 公分！
不過牠們長成青蛙後卻只有 7 公分⋯⋯

所以我們被稱為「不合理蛙」。

水豚君很喜歡待在水中，
牠們會在水中避暑、吃水草、交配，
若在陸地上找不到適合睡覺的地方，
就乾脆睡在水中。

好想直接當一條魚～

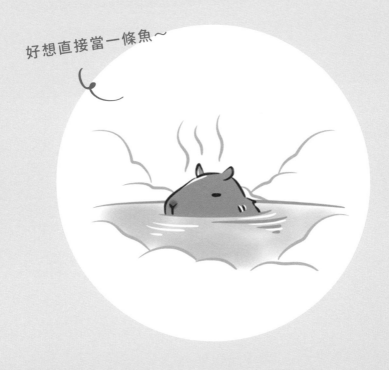

天主教齋戒期有約 40 天不能吃禽獸的規定，
16 世紀剛傳入南美洲殖民地時，
讓習慣吃肉的原住民受不了，
當時喜愛待在水裡的水豚君
被羅馬教會判定為魚類，
讓這些教徒在齋戒日可以大膽吃水豚君？！

母兔被公兔或飼主撫摸就可以
懷疑自己懷孕？！

你要對人家負責～

電影中美國國鳥白頭鷹
雄赳赳氣昂昂的叫聲，
其實是由紅尾鵟配音的，
事實上白頭鷹是大叔臉配蘿莉音。

斑馬看起來很像擁有白色皮膚和黑色毛紋，
但其實牠們的皮膚是黑的，
然後黑白毛相間唷～

我黑肉底～

北極熊也是黑肉底，
這是爲了更有效地吸收陽光熱源，
不然北極眞的太冷了……
而且牠們的毛其實是透明、中空的，
透過陽光漫射的關係，才會看起來是白色。

屁屁好冷……
因為我坐在冰原上。

準備冬眠時，鱷魚會趁寒冬的湖面結冰前，
將口鼻露出水面呼吸。

鱷魚冰棒？！

平頭哥蜜獾被金氏世界紀錄收錄爲
「世界上最無所畏懼的動物」。

在非洲跟獅子、鱷魚幹架
都只是我的日常。

西部低地大猩猩的學名是
Gorilla gorilla gorilla，
意思是「大猩猩 大猩猩 大猩猩」。

聽到了啦，不要一直叫！

藍鯨在水中放屁產生的氣泡，
大到可以容納一匹成年馬。

叫我屁王！

茶腹鳾是唯一能在垂直樹幹上，
以頭向下、尾向上方式爬樹的鳥類。

我又被稱壁虎鳥～

雄性環尾狐猴會抓住自己的尾巴
並摩擦手腕上的氣味腺體，
藉此氣味來吸引母猴。

味道越強烈，越有機會讓母猴納
入後宮，我們是母系社會啦～

剛出生的貓咪眼睛都是藍色的，
過了 3-8 週左右就會開始轉色。

我們的眼睛大致上有
棕、綠、金、橘……，
有些也會維持藍色。

不過，長大後的貓咪若眼睛仍維持藍色，
最好帶牠們去看看醫生。

因為基因問題，藍眼白貓
大多都聽不見……

貓咪的異色瞳正確名稱爲「虹膜異色症」，
其中一隻眼睛就是沒變色的藍色。

藍色那一側的耳朵也比較
容易出現聽不見的狀況。

不過，貓皇即使聽得到，
也不見得會甩你的呼喚。

鸚鵡是唯一可以用「腳」拿起食物
並放進嘴巴的鳥類。

我們也有分左右撇子哦～

知更鳥蛋是一種很特別的藍色，
廣受女性喜愛的 Tiffany 藍
正是源於知更鳥蛋藍。

世界上最貴的藍色！

現今最大的大象非洲象，
牠們的耳朵直徑可達 2 公尺。

搧動大耳朵可以幫助降低
溫度約攝氏 5 度喔。

古代長毛巨獸猛瑪象的耳朵其實很小，
只有 30 公分長而已。

反正又不熱？！

小丑魚天生具有雌雄兩種性別生殖系統，
但剛出生的小丑魚不具備任何性別特徵，
牠們是母系社會，較強勢、大隻的魚，
會在成長過程中逐漸變成母魚。
且公魚可以轉變成母魚，但一生只能變一次，
且母魚無法逆向轉變回公魚。

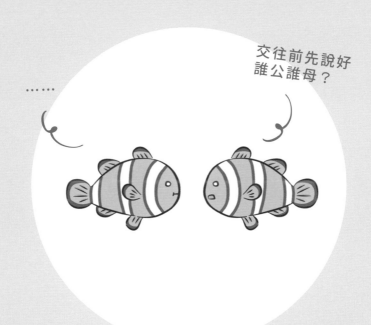

通常獅群裡只能容納一頭雄獅，
即便是親生兄弟，
只要闖入對方地盤仍會大打出手！
不過，研究顯示每 12.5 頭雄獅中，
會有一頭即使身邊母獅很多，
仍選擇和雄獅在一起。

根據統計，
大約有 20% 的黑天鵝家庭是
由兩隻雄性黑天鵝組成，
牠們會霸佔或欺騙雌鵝獲取鵝蛋，
但會視如己出，
甚至比異性戀鵝家庭更愛護小孩。

同性戀企鵝中最有名的故事發生在 1998 年，
紐約中央公園的工作人員
給南極企鵝羅伊和賽隆
另一對企鵝伴侶無法孵化的蛋，
牠們成功孵化並且養育了健康的小企鵝。

英國科學家認為海馬其實是花心大蘿蔔？！
牠們無論性別，每天調情求愛約 25 次左右，
而且在 1986 對異性伴侶中
只有少部分是固定伴侶。
此外，海馬有高達 37% 是同性戀。

長頸鹿有多達 94% 的性愛
是由兩頭雄鹿完成的！
同時，牠們擁有超長的前戲，
會用脖子磨蹭伴侶長達 1 小時之久。

國王企鵝小時候長得很像奇異果（？），
而且比爸媽大上一圈？！

小時候胖不是胖啦～

鬥魚照鏡子時，
會以為看到另一隻鬥魚而生氣氣，
甚至會打開自己的魚鰓，準備戰鬥！

企鵝會集體便便讓雪地融化，
以營造出適合下蛋繁殖的場所。

這種事情需要醞釀一下……

企鵝聚落的便便份量，
多到科學家從外太空都看得到，
所以科學家會觀察企鵝排便的衛星影像，
作爲研究企鵝繁殖規律和棲地
是否減少的依據。

能不能給點隱私啊，
嗚嗚～

兔子的尾巴其實不是一顆球，
是細細長長的。

這是我的尾巴？

有另一種關於恐龍滅絕的假說是，
牠們一年的屁量可以製造出 6 億噸甲烷！
所以很有可能是恐龍放屁讓地球暖化
而導致自己滅絕的（？）。

帽帽帶你看**石虎**

石虎是亞洲特有種，共有 12 個
亞種，廣泛分布在亞洲各處。
國家自然保護聯盟評估石虎為
「無危物種」，意即雖然有潛
在威脅，但並不嚴重。

簡單科普一下～

特有種是指這類物種只在
某些地區才存在。而某些
物種因地理阻隔之故，造
成型態、習性略有差異，
這些差異又不足以成為新
的物種，且之間可以產下
具有繁殖能力的後代，即
為亞種。

不過，石虎在其他國家可以
活得好好的，在台灣的亞種
卻只剩下約 500 隻……

所以，石虎若真的從台灣
消失了，會怎麼樣嗎？

帽帽帶你看**石虎**

我們先從食物鏈開始說起。
食物鏈的頂端雖然數量不多，
但可以控制整個生態圈的平衡。

台灣黑熊
200-500隻

台灣雲豹已於
2014年滅絕

台灣石虎
500隻

那如果這些頂端的獵食者消失了，
會發生什麼事呢？

首先，草食動物會因為沒有天敵而變多，
之後就狂吃草、吃樹！

牠們從樹林吃到灌木叢，
再來是草原，最後甚至什
麼都沒得吃了。

當植物消失，草食動物沒
有食物，就會進而造成整
個生態系統瓦解⋯⋯

帽帽帶你看**石虎**

以水鹿為例，就是這樣。水鹿是台灣高山最大型的草食動物，曾經一度瀕臨絕，但因為保育有成，數量正不斷增加中。

雲豹滅絕也是水鹿數量增加的原因之一，因為沒有牠們會去攻擊水鹿幼獸。

大量的水鹿，加上牠們吃樹皮、磨角的習性，最後就造成樹林大面積死亡，仰賴樹林維生的鳥類與昆蟲也跟著遭殃。

是的。台灣的高山上，正在發生生態失衡的問題。
即使有些人開始種植樹木來補救，不過在高山上種植
本來就不容易，樹林更不是 1-2 天就能長出來的。

我們已經失去雲
豹，再失去石虎會
有什麼影響，尚不
得而知，但生態失
衡是肯定的！

所以保護石虎，保護
台灣這塊土地上的所
有物種，才是我們能
夠永續經營的答案！

PART

2

欸～～～真的假的？！
原來如此的怪怪知識

鯊魚的牙齒沒有咀嚼用處？
這個動物居然可以當作防腐劑？
某些恐龍才不是電影中的形象咧！
你從來都不知道的奇妙動物世界 ♥

蝸牛舌頭上有 100 多排的牙齒，
每排還有 100 多顆。

自己想想都密集恐懼症了……

青蛙表皮的分泌物中含有
豐富抗菌和抗眞菌物質，
能大大減緩牛奶變質的速度。
所以沒有冰箱的年代，
古俄羅斯人會丟一隻青蛙到牛奶裡
防止腐壞。

青蛙撞奶的由來？？

燈塔水母是目前已知不會自然死亡的生物，
牠們沒有大腦與心臟，
物種卻存活了 6 億年以上，
還度過了 5 次物種大滅絕！

你們這些有腦、有心臟
的人類在幹嘛？

深海龍蝦也被許多科學家認為是
不會自然死亡的動物，
牠們透過不斷的脫殼，
只會長大，不會老化。

不過這個論點尚未被
證實，因為大多數活
到破紀錄的龍蝦最後
都進到廚房了……

寄居蟹會放幾顆海葵在殼上，
海葵可以幫助寄居蟹趕走敵人，
在寄居蟹的殼上也可以讓海葵
捕獲更多小魚小蝦。

我搬家時會連同殼上的海葵
一起搬走喔，我們是好室友～

烏賊的眼睛是動物界進化程度最高的，
牠們的瞳孔呈現 W 型，
可以在昏暗的光線下看到鮮明的對比。

但我們無法辨識顏色……

鯊魚有把胃吐出來的技能？！
牠們會藉由把胃吐出來，
將不易消化的食物排出體外，
另外，如果牠們太緊張也會把胃給吐出來。

嗚嗚⋯⋯我很膽小的。

鮟鱇魚頭上的燈籠並不是自體發光，
而是上面附著了上百萬隻發光菌
幫助牠發出光亮。

鮟鱇魚提供發光菌養分和
環境，發光菌協助鮟鱇魚
誘捕食物，合作無間！

鸚哥魚睡覺前，
會花一個小時用口水做一個透明外膜，
把自己給包覆起來。
這層口水能夠避免獵食者聞到牠們的氣味，
讓牠們安心睡上一覺。

睡覺前，記得掛蚊帳。

孔雀魚平常眼睛外圍是銀色的，
但牠們生氣時眼睛會整顆變黑。

Cosplay《咒怨》的俊雄？

魚的舌頭僅有包覆黏膜的舌骨，
是舌頭的雛型，
動物的舌頭則是由魚進化而來。

舌頭始祖是我。

除了海馬爸爸之外，
部分的魚爸爸也會用口孵保護魚卵，
像是龍魚把魚卵含在口中孵育的時候
還需要不吃不喝 70 多天呢。

有時候會不小心
吞掉幾顆……

翻車魚具有強大的生殖能力，
一條雌魚一次可以產 3 億顆卵！

不過存活率只有
百萬分之一……

比目魚剛出生時，
與一般魚類一樣眼睛是長在頭部兩側，
約 20 天後牠們會開始側臥在海底生活，
在下方的眼睛因此逐漸跨越頭頂，
最終與上方的眼睛靠攏到同一側。

章魚睡覺時會用兩隻觸手在身體周圍警戒，
當兩隻觸手一受到外界干擾，
就會立刻驚醒。

你看不到我～
你看不到我～

海豚大腦分爲左右兩個半球，
可以一邊是睡著的、一邊清醒，
過一段時間後兩邊再交換。

我就是時間管理大師。

鯊魚一生會長出 2 萬顆牙齒，
但這些牙齒也無法用來咀嚼食物，
只能撕咬獵物並直接吞下。

海參遇到狩獵者時，
會迅速吐出五臟六腑，
轉移狩獵者注意力，
自己再藉由排臟的反衝力逃生。

反正 50 天後我又能長
出一副全新的內臟。

帽帽帶你看**海洋垃圾**

根據統計，每年有1000公噸的垃圾進入海洋。平均每1分鐘就有一大卡車的垃圾被倒進海裡。

研究組織甚至估計，30年後，海洋中的垃圾就會比魚多……

被稱爲「美人魚眼淚」的塑膠粒，是海洋垃圾的主要成分之一。

每年至少有 530 億顆塑膠粒流入海洋！

還有 10% 的海洋垃圾來自於漁業部門遺棄的漁具，這些被稱爲「幽靈漁具」的垃圾，持續危害整個海洋生態。

連以海爲生的鳥類，也受其影響，因爲廢棄漁具會纏住海鷗的嘴，讓牠們活活餓死。更有研究指出，約 90% 的海鳥吃過塑膠垃圾。

帽帽帶你看**海洋垃圾**

這些塑膠製品被動物誤食後，經過人類獵捕，
海洋垃圾將再次回到我們身上。

你可能認為，你都有做
資源回收，也有繳稅，
吸管跑進海龜鼻孔不是
你的問題。

不過地球是大家的。

我們只想著如何清理我們製造的垃圾，卻不從源頭就開始減少，那永遠會有清不完的垃圾。

環保這件事，從源頭開始減少，改變自己的購買習慣與丟棄習慣，才是根本的永續之道。

螢火蟲的卵、幼蟲和蛹都會發光唷！

看我閃亮一生～

刺蝟冬眠時，體溫會降低 6 度，
呼吸每分鐘 1-10 次。
生物學家曾經把
冬眠的刺蝟放入溫水浸泡半小時，
才讓牠逐漸從冬眠中甦醒過來。

還讓不讓人好好睡覺啊！

達爾文蛙爸爸會在蛙卵即將孵化時，
將牠吞嚥到自己的聲囊中，
直到孵化成蝌蚪、完全變態為青蛙後，
才讓牠離開聲囊。

呱呱～
呱呱～

吼猴的叫聲非常洪亮，
可以傳達近 5 公里遠，
越會叫的吼猴身邊「妹紙」越多，
不過「蛋蛋」也比較小……

妹紙跟蛋蛋只能選一個……

非洲散香龜被稱爲「走動的防腐劑」，
牠散發的香氣可以殺滅黴菌，
且不會殘留在食物上，
只要將一隻散香龜放在食物櫃裡
就能防止食物腐爛。

但我也會把食物
吃光光～

老鼠會在可以食用的食物附近尿尿，
以此告訴其他老鼠：
這我吃過、靠譜、好吃！

五星好評！

由於盜獵者大量獵殺並奪取象牙，
導致有些因為基因的關係沒有象牙或
象牙不明顯的大象倖存下來，
可以想像未來的大象可能因此
都不會有象牙了……

鋸掉犀牛角時，
若根部留下 8 公分並處理好傷口，
犀牛是不會死亡的，
且每年平均會再長 10 公分。

但盜獵者往往是連根拔起……

母天竺鼠出生約 30 天就有繁殖能力，
但約 9 個月後牠的骨盆會開始閉合，
之後產子很可能會因為難產而喪命。

討厭，人家才剛滿月～

香蕉蛞蝓體長 25 公分，
是世界第二大的陸生蛞蝓，
牠們交配的時候會從頭上長出
15-20 公分的生殖器官？！

但經常交配後拔不出來，
沒耐心的伴侶就直接咬斷……

雄性長鼻猴的鼻子越大，
越可讓牠們發出更大的聲音來吸引母猴。

帥吧～

鴨嘴獸身上有 83 種毒，
其中有 3 種是自己的特有毒，
其餘則在其他動物身上也有發現，
例如蛇毒、蜘蛛毒，甚至是海星毒都有。

我好毒～

藍腳鰹鳥有獨特的藍色腳蹼，
但並非天生的，
是因為攝取沙丁魚體內的胡蘿蔔素
結合自己體內一些特殊蛋白質而造成。

腳越藍，越能吸引雌鳥喔～

鱷魚可以爬到 5 公尺高的樹上
狩獵鳥類或曬太陽,
也能遠眺拓寬視野。

我比人類還會爬樹呢。

長頸鹿以前被誤以為是豹與駱駝的產物，
所以牠的學名 Griaffa camelopardalis
來自拉丁語，
意思是長著豹紋的駱駝。

電影裡的迅猛龍
與實際的迅猛龍有所出入……，
其實牠們只有火雞大小，
而且全身長滿羽毛。

但我不會飛……

在國外中世紀的宮廷裡，
有一種叫做「荷蘭小帽」的保險套，
是用動物做的。

是我的膀胱……

或我的腸子……

穿山甲的鱗片被認為有神奇的療效，
導致牠們一直是全球走私排行榜
第一名的哺乳類。

我的體重有 **20%** 來
自於身上的鱗片喔。

北極馴鹿的眼睛會隨季節變色，
夏天呈現金色，
一到冬天就變成藍色了。

鞋斑無墊蜂是不會一起築巢的蜜蜂。
雌蜂會在地上挖個洞築巢休息，
雄蜂則會在晚上呼朋引伴，
尋找細細枯枝，
再以大顎咬住枯枝後一起睡覺。

4 萬 7 千年前滅絕的巨型短面袋鼠是
目前發現最大的袋鼠，
牠們的肌肉比現今的袋鼠結實很多，
有趣的是，牠們的雙腳分別只有一根腳趾。

我全長 3 公尺，
推測體重 200 公斤。

大約在 7 萬年前滅絕的雙門齒獸，
是目前發現最大的有袋類，
全長近 3.5 公尺，
推測體重 2.4 公噸！

我育兒袋大到足以
裝下一個成年人喔。

帽帽帶你看**有袋類動物**

全世界目前已知的有袋類動物大約有334個物種。

其中超過220個物種生活在澳洲與其附近的島嶼。

有一種理論是，地球原先只有一塊盤古大陸，有袋類動物曾經遍布全球。後來分裂成各大洲後，有袋類才開始在澳洲走上隔離演化的道路。

大陸飄移學說比較有力的幾點證據，除了各大洲邊緣穩合度高，古生物化石的分布、相同物種及地質構造，都讓這個學說有很多擁護者。

有袋類動物與一般哺乳類的差別在於牠們的子宮
沒有發育完全的胎盤，因此胎兒發育不完全就早
產，需要待在育兒袋裡吸奶繼續長大。

短尾矮袋鼠是世界上
最愛笑的動物～

無尾熊的袋口是朝下
的，方便小無尾熊吃
媽媽的便便長大?!

帽帽帶你看**有袋類動物**

由於發育不完全的幼獸較不易存活，且有袋類動物裡並沒有大型食肉猛獸，因此在生活競爭的劣勢下，使有袋類動物漸漸被一般哺乳類動物所取代。

袋獾是澳洲現存最大的食肉有袋類動物，不過體長也就 65 公分左右而已。

母袋鼠遇到敵人，會把寶寶丟出去，牽制追捕者，爭取自己逃跑的時間。

而沒有太多大型食肉動物的澳洲，反而成為有袋類動物的天堂。

生活在澳洲的鴨嘴獸與針鼴就是古老的哺乳類動物，牠們是現存唯二的卵生哺乳類動物喔。其中，針鼴也是有袋哺乳類動物。

然而，2019 年 9 月到 2020 年 5 月，澳洲卻發生有史以來最嚴重的野火季。澳洲保育團統計，至少有 10 億隻野生動物葬身火海，焚毀面積相當於 3 個台灣，造成嚴重的生態浩劫。在我們享受科技文明帶給我們便利的同時，如何與大自然和平共處也是我們必須面對的重要課題。

青蛙吃壞肚子時，
會把整個胃吐出來洗一洗，
接著再把胃吃回去！

我是沒辦法嘔吐的動物……

大貓熊的腸胃吸收功能不好，
所以牠們排出的便便仍保有 70% 的營養。
四川有一種使用大貓熊的便便作為肥料的
茶葉就叫做「熊貓茶」。

呵呵。

森林之王老虎的毛皮底下，
有著和毛皮花紋相對應的皮膚。

我的屁屁好冷……

毛毛蟲在蛹裡會經歷
一邊溶解、一邊重組的過程，
兩者銜接、漸進取代，最後羽化成蝴蝶。
所以說牠們在蛹裡會變成一鍋毛毛蟲湯？！

感覺好痛……

公牛其實不討厭紅色，因為牠們是色盲。
牠們攻擊鬥牛士是因為舞動布的行為，
事實上只要是高速移動的物體，
都有可能遭受公牛的攻擊！

蒼蠅遇到藍色的光即死？！
因為藍光會增強蒼蠅體內的氧化壓力，
造成細胞死亡，蒼蠅也就跟著掰掰了～

塊陶啊！！！

雄性山羊一次交配中可以射精 10 次，
實驗最高次數可達 40 次！

不過交配一次只有 1-2 秒咩……

火雞又被稱為七面雞，
雄火雞頭與頸部的顏色
會隨牠們的心情在紅、藍、白之間變化，
也藉此吸引雌火雞。

古代稱青樓老闆娘爲老鴇，
是因爲鴇鳥不易分別雌雄，
雄鳥長得太漂亮、雌鳥相對樸素，
所以古人常認爲雄鳥是雌鳥，甚至鴇鳥只有雌鳥，
並可以跟任何雄鳥繁衍。

在匈牙利，我們可是國鳥呢！

台灣唯一陸棲烏龜 —— 食蛇龜，
屬於閉殼龜，
以前的人認為牠們會引誘蛇進入殼內，
再閉殼夾死蛇並吃掉，所以才稱食蛇龜。
但其實牠們不吃蛇，而是喜歡吃蚯蚓。

完全閉殼的食蛇龜。

小強是要經過蛻皮才會長大的昆蟲，
剛蛻皮和剛出生的小強是白色的，
經過幾小時才會慢慢變成黑褐色。

你皮膚真嫩。

重腳獸的角乍看之下
很像水平生長的犀牛角，
但牠們的角與犀牛不同，是由骨骼組成的。
犀牛角主要成分則是角蛋白，
並不會變成化石留下。

棘龍是陸地上最大的肉食動物，
比霸王龍長 3 公尺多，
也是唯一會游泳的肉食恐龍。

滄龍雖然也會游泳，
但其實牠不是恐龍，
只能算是巨型爬蟲類而已。

我也能上岸，移動方式類似海豹！

北極海鸚是動物界的模範夫妻，
牠們終身奉行一夫一妻制，
即使到了比較溫暖的地方過冬，
來年還是會回到舊巢，
與元配繁衍下一代。

天行白眉長臂猿 (Skywalker hoolock gibbon)
的發現者是《星際大戰》粉絲，
所以才用路克‧天行者 (Luck Skywalker) 來命名。

願原力與你同在！

白蟻的屁有
「世界第二大天然甲烷排放源」之稱，
是造成地球溫室效應的重要殺手之一？！
（第一名為天然濕地。）

好啦都怪我啊～放屁沒人權啊～

蜘蛛基本上都是色盲，
牠們只對綠色波長的光線敏感，
所以若不想招惹牠們，
盡量別穿綠色衣服。

是綠色！

綠色！

蠍子會斷尾求生，
不過牠們會連腸子和肛門一起斷掉，
之後會因為便秘將近 8 個月後而死去⋯⋯

厲害的是這 8 個月我還可以交配，
當初造物主嗑了什麼
才把我創造出來的⋯⋯

古人眼裡的穿山甲根本是無敵鐵金剛，
他們認爲穿山甲可以打開鱗片，
引誘螞蟻進入鱗片並關閉，
再到河中溺死螞蟻並吃掉。

我們是真的會游泳啦，
而且游得還不錯。

哈士奇的肝臟含有高量的維生素 A，
食用後會造成「維生素 A 過多症」，
引發頭痛、嘔吐、脫皮、精神恍惚，
嚴重甚至會死亡，
所以最好別吃牠們的肝臟……

誰沒事會去吃哈士奇的肝臟啦！

這貪吃的動物……

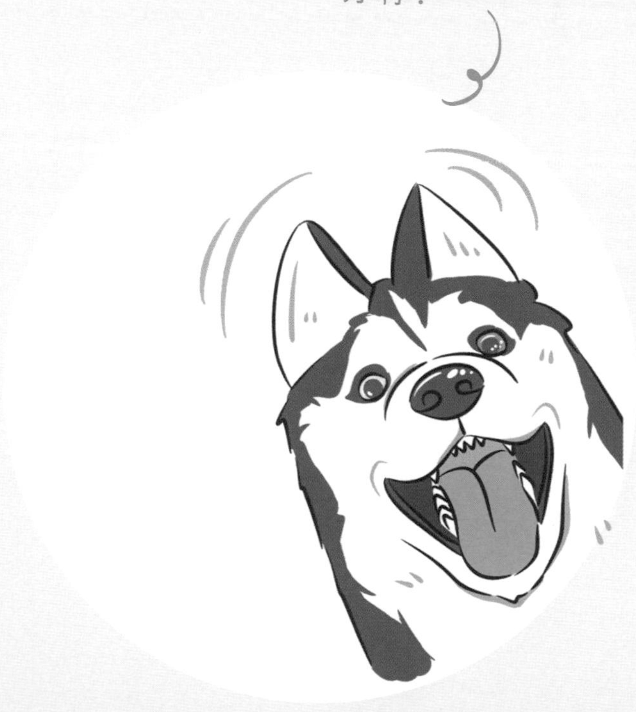

PART

3

跟人類不一樣但又有點像……
不知道也沒關係的奇妙連結

原來哺乳類動物尿尿都……？
動物幾乎都沒有下巴？有動物生理期是不流血的？
至於哺乳類動物的祖先又是誰呢？
其實這些動物和你有點像呢 ♥

任何體重超過 3 公斤的哺乳類動物
尿尿時間幾乎都是 21 秒。

你也是嗎？

尿尿不要講話。

許多哺乳類的生理期是不會流血出來的。

直接由我身體吸收再利用。

只有 1.5% 的哺乳類動物有生理期，
其中 99% 來自靈長類動物。

所以人類也有生理期。

大貓熊媽媽一年只排卵一次，
一般會在 3-4 月發情 2-3 天，
懷孕期約 5 個月。

所以貓熊大多是獅子座、處女座？

只有哺乳類動物和少部分的動物
能夠咀嚼食物。

咀嚼是新近出現的進化適應。

鱷魚也是無法咀嚼食物的動物之一，
牠們會吃下石頭來磨碎肚子裡較硬的食物，
這些石頭也便於牠們潛伏水底行動。

石頭約為體重的 1%。

紅毛猩猩與人類基因相似度達 96.4%，
但生活習性卻與人類大不同，
牠們不愛交際、喜歡獨來獨往。

邊緣猩猩的快樂～

人與老鼠共享 80% 的遺傳物質
與 99% 的類似基因，
這段 300 個基因的差距，
就能決定你是人還是老鼠？！

相比於紅毛猩猩，小老鼠較便宜
且體積小，更適合研究。

豬的基因也跟人類有 84% 同源，
且有很多與人類疾病相關的基因變異，
被公認為人類醫學研究理想的大型動物模型。
之外，研究也發現一些人類與豬相似之處，
像是容易被食物誘惑⋯⋯

啊，這個人怎麼這樣。

邊緣又容易被食物誘惑？
不就是在說我嗎？

只有人類跟螞蟻會畜養、放牧其他動物。
被螞蟻畜養的蚜蟲
會提供蜜露給螞蟻作為食物，
這些蚜蟲又被稱為「螞蟻奶牛」。

只要戳一戳牠們就會有蜜露出來了。

鯰魚是味蕾最多的動物，
一條 15 公分的鯰魚有超過 25 萬個味蕾。
雞的味蕾最少，通常不超過 30 個，
所以幾乎餵什麼牠們都吃。

人類則約有 1 萬個味蕾。

大象是除了人類以外
唯一擁有下巴的動物。

水龍獸因為與豬相似，又被稱為「史前豬」，
在 2.6 億年前的一次大滅絕中僥倖存活下來。
因為沒什麼天敵，所以主宰地球約 100 萬年，
直到恐龍出現。

科學家說我們是所有哺乳
類動物的祖先！

冠海豹是哺乳期最短的動物，僅只有 4 天，
卻能夠讓冠海豹寶寶在 4 天內多 20 公斤！
原因在牠們的母乳擁有最高的乳脂率，
比我們喝的牛乳的卡路里還高 15 倍。

哺乳期最長的冠軍是紅毛猩猩，
牠們的哺乳期長達 8 年！

我國小二年級還沒斷奶。

高寶書版集團
gobooks.com.tw

CI 147
不一樣也沒關係
奇妙又有趣的動物冷知識，讓你笑笑過每一天

作　　者	帽帽	
主　　編	楊雅筑	
封面設計	謝捲子	
內頁設計	謝捲子	
內頁排版	賴姵均	
企　　劃	方慧娟	

發　行　人　朱凱蕾
出　　版　英屬維京群島商高寶國際有限公司台灣分公司
　　　　　　Global Group Holdings, Ltd.
地　　址　台北市內湖區洲子街88號3樓
網　　址　gobooks.com.tw
電　　話　(02) 27992788
電　　郵　readers@gobooks.com.tw（讀者服務部）
　　　　　　pr@gobooks.com.tw（公關諮詢部）
傳　　真　出版部　(02) 27990909　行銷部 (02) 27993088
郵政劃撥　19394552
戶　　名　英屬維京群島商高寶國際有限公司台灣分公司
發　　行　英屬維京群島商高寶國際有限公司台灣分公司
初　　版　2020 年 10 月

國家圖書館出版品預行編目(CIP)資料

不一樣也沒關係：奇妙又有趣的動物冷知識，
讓你笑笑過每一天 / 帽帽著. -- 初版. -- 臺北
市：高寶國際出版：高寶國際發行, 2020.10
　　面；　公分. -- (嬉生活；CI 147)

ISBN 978-986-361-920-8(平裝)

1.動物　2.通俗作品

380　　　　　　　　　　　　　　109015049